U0311971

优秀技术工人
百工百法丛书

陶安
工作法

高精度、高硬度
螺纹环规二次
车削及专用夹具

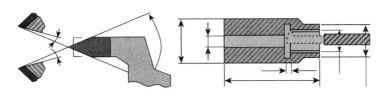

中华全国总工会 组织编写

陶 安 著

中国工人出版社

技术工人队伍是支撑中国制造、中国创造的重要力量。我国工人阶级和广大劳动群众要大力弘扬劳模精神、劳动精神、工匠精神，适应当今世界科技革命和产业变革的需要，勤学苦练、深入钻研，勇于创新、敢为人先，不断提高技术技能水平，为推动高质量发展、实施制造强国战略、全面建设社会主义现代化国家贡献智慧和力量。

——习近平致首届大国工匠
创新交流大会的贺信

优秀技术工人百工百法丛书
编委会

编委会主任： 徐留平

编委会副主任： 马　璐　潘　健

编委会成员： 王晓峰　程先东　王　铎

康华平　高　洁　李庆忠

蔡毅德　陈杰平　秦少相

刘小昶　李忠运　董　宽

优秀技术工人百工百法丛书

国防邮电卷

编委会

序

党的二十大擘画了全面建设社会主义现代化国家、全面推进中华民族伟大复兴的宏伟蓝图。要把宏伟蓝图变成美好现实，根本上要靠包括工人阶级在内的全体人民的劳动、创造、奉献，高质量发展更离不开一支高素质的技术工人队伍。

党中央高度重视弘扬工匠精神和培养大国工匠。习近平总书记专门致信祝贺首届大国工匠创新交流大会，特别强调"技术工人队伍是支撑中国制造、中国创造的重要力量"，要求工人阶级和广大劳动群众要"适应当今世界科技革命和产业变革的需要，勤学苦练、深入钻研，勇于创新、敢为人先，不断提高技术技能水平"。这些亲切关怀和殷殷厚望，激励鼓舞着亿万职工群众弘扬劳模精神、劳动精神、工匠精神，奋进新征程、建功新时代。

近年来，全国各级工会认真学习贯彻习近平总书记关于工人阶级和工会工作的重要论述，特别是关于产业工人队伍建设改革的重要指示和致首届大国工匠创新交流大会贺信的精神，进一步加大工匠技能人才的培养选树力度，叫响做实大国工匠品牌，不断提高广大职工的技术技能水平。以大国工匠为代表的一大批杰出技术工人，聚焦重大战略、重大工程、重大项目、重点产业，通过生产实践和技术创新活动，总结出先进的技能技法，产生了巨大的经济效益和社会效益。

深化群众性技术创新活动，开展先进操作

法总结、命名和推广，是《新时期产业工人队伍建设改革方案》的主要举措。为落实全国总工会党组书记处的指示和要求，中国工人出版社和各全国产业工会、地方工会合作，精心推出"优秀技术工人百工百法丛书"，在全国范围内总结 100 种以工匠命名的解决生产一线现场问题的先进工作法，同时运用现代信息技术手段，同步生产视频课程、线上题库、工匠专区、元宇宙工匠创新工作室等数字知识产品。这是尊重技术工人首创精神的重要体现，是工会提高职工技能素质和创新能力的有力做法，必将带动各级工会先进操作法总结、命名和推广工作形成热潮。

此次入选"优秀技术工人百工百法丛书"作者群体的工匠人才，都是全国各行各业的杰出技术工人代表。他们总结自己的技能、技法和创新方法，著书立说、宣传推广，能让更多人看到技术工人创造的经济社会价值，带动更多产业工人积极提高自身技术技能水平，更好地助力高质量发展。中小微企业对工匠人才的孵化培育能力要弱于大型企业，对技术技能的渴求更为迫切。优秀技术工人工作法的出版，以及相关数字衍生知识服务产品的推广，将对中小微企业的技术进步与快速发展起到推动作用。

当前，产业转型正日趋加快，广大职工对于技术技能水平提升的需求日益迫切。为职工群众创造更多学习最新技术技能的机会和条件，传播普及高效解决生产一线现场问题的工法、技法和创新方法，充分发挥工匠人才的"传帮带"作用，工会组织责无旁贷。希望各地工会能够总结、命名和推广更多大国工匠和优秀技术工人的先进工作法，培养更多适应经济结构优化和产业转型升级需求的高技能人才，为加快建设一支知识型、技术型、创新型劳动者大军发挥重要作用。

中华全国总工会兼职副主席、大国工匠

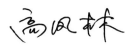

作者简介
About The Author

陶 安

    1967 年出生，中国航发贵州红林航空动力控制科技有限公司特级技师、高级工程师，中国航空发动机集团公司首席技能专家。他 38 年扎根一线，从事航空发动机工装夹具加工工作至今，练就了一手"全能"的本领，不仅能操作普通设备，还能操作进口数控设备，攻克了一系列航空发动机工装夹具中高硬度材料加工技术难题，为航空发动机工装夹具生产提供了技术支撑，保证了航空发动机工装夹具生产顺利交付。

陶安享受国务院政府特殊津贴，曾获得"全国技术能手""全国五一劳动奖章""贵州省劳动模范""中国质量工匠"等称号和荣誉；2021年获"中国航发大国工匠特别贡献奖"；出版个人专著2部，获国家发明专利3项。他还被贵州航空工业技师学院、贵州电子科技职业学院等多个学校聘为校外导师。

"陶安创新工作室"现有成员30人，其中"全国技术能手"1人，"贵州省技术能手"4人。2019年被人力资源和社会保障部授予"陶安国家级技能大师工作室"称号；2022年被国防邮电工会授予"国防邮电工会劳模和工匠人才创新工作室"称号。陶安带领团队不断创新，工作室成立以来取得468项创新成果，平均每年解决技术难题50余项，为企业发展提供了技术保障。

发现问题就是成长

解决问题就是创新

陶安

目　录
Contents

引　言
Introduction

　　内螺纹加工一直是机械加工领域研究的重要课题，尤其当高精度、高硬度螺纹环规淬火硬度为 58~62HRC 时，加工难度非常大，几乎不可能完成，成为制约高精度、高硬度螺纹环规加工技术应用的瓶颈。本工作法是研究普通车床高速加工盲孔内螺纹的方法以及加工高精度、高硬度螺纹环规的加工方法。高硬度材料加工一直是机械加工的"拦路虎"，通过查阅大量国内外技术资料，结合生产现场用的切削液，笔者和团队对高硬度材料在加工过程中的冷却及润滑进行了多次试验分析，并进行改进，寻找规律，开展技术创新。经过上千次的反复试验配比、分析，高硬度材料最终达到理想的切削加工效果，研制出了高硬度材料切削液，在此基础上又攻克了高精度、高硬度螺纹环规的加工技术难题，创新了高精度、高硬度螺纹环规专用夹具；同时优化加工工艺，改进操作方法，突破了生产加工技术瓶颈，既保证了产品合格率由 3% 提高到 99% 和高精度、高硬度螺纹环规的生产需求，又为其他高硬度材料和高精度、高硬度螺纹环规加工提供了技术支撑。

目前，高硬度材料在加工过程中所使用的切削液和高精度、高硬度螺纹环规的加工方法及其专用夹具都获得了国家发明专利，成功地解决了高硬度材料和高精度、高硬度螺纹环规加工难题。本工作法在高硬度材料加工和高精度、高硬度螺纹环规加工中全面投入使用后，既提高了加工效率，又保证了产品质量。

第一讲

淬火钢材料概述

本工作法从淬火钢材料加工中，对淬火钢材料润滑及冷却进行分析和研究，并且应用于实践当中，全面提升了普通硬质合金刀具加工淬火钢材料，满足高质量、高可靠性、高效率的产品制造需求。本工作法系国内外首创，具有完全的自主知识产权，是航空发动机淬火钢材料加工生产中一项重要的创新发明，在此基础上又解决了高硬度、高精度螺纹环规的加工难题，以上两种加工创新方法都获得了国家发明专利，对淬火钢材料及高硬度、高精度螺纹环规加工具有重大的现实意义。本工作法主要解决的技术难题是：（1）研究了淬火钢材料润滑及冷却原理，有效解决了淬火钢材料加工技术难题。（2）在解决了淬火钢材料加工技术难题后，又攻克了高硬度、高精度螺纹环规加工技术难题。（3）优化了淬火钢材料及高硬度、高精度螺纹环规加工工艺，提高了淬火钢材料及高硬度、高精度螺纹环规加工合格率。

　　本工作法已在航空发动机用高硬度、高精度螺纹环规加工中得到运用与推广，取得了显著的经济效益和社会效益。同时，这一技术解决了淬火钢材料及高硬度、高精度螺纹环规加工难题，实现了产品质量与可靠性双增长的创新模式，有效降低了生产成本，降低了操作人员的工作强度，提高了生产效率。

　　本工作法不仅可在航空航天领域中得到应用，还可在所有淬火钢材料及高硬度、高精度螺纹环规加工领域中推广和运用。

一、淬火钢材料及其特性

　　淬火钢是指金属经过淬火后，组织转变为马氏体，且硬度大于 50HRC 的钢。淬火是一种将钢加热到某一适当温度（如亚共析钢加热至 Ac3 以上 30℃～60℃），保持一定时间后，再迅速冷却（常用水或油作为冷却介质）的工艺过程。

淬火的工艺目的是提高金属工件的硬度及耐磨性，从而满足各种工装夹具、模具、量具及要求表面耐磨零件（如齿轮、轧辊、渗碳零件等）的使用需求。

淬火的特性是：

（1）高硬度与高强度：淬火钢的硬度可达50~60HRC甚至更高，抗拉强度可达2100~2600MPa。材料的核心特性是其极高的硬度和强度，这使得它在承受高压力、高磨损或高冲击的环境中表现出色。

（2）耐磨性：由于表面硬度高，材料在受到摩擦时能够减少表面疲劳和摩擦损伤，从而延长使用寿命。

（3）耐腐蚀性：淬火材料通常具有紧密的原子排列和强大的原子间结合力，这有助于在化学环境中保持稳定，抵抗腐蚀。

（4）高温稳定性：部分材料能够在高温条件

下保持较高的强度和刚度，适用于航空航天、工业热处理等高温环境。

二、淬火钢材料应用领域

淬火钢因其优异的硬度和耐磨性，被广泛应用于以下领域。

（1）机械制造：用于制造各种模具、刀具、量具等需要高耐磨性的工具。

（2）汽车工业：用于制造发动机零部件、传动系统部件等需要承受高压力和磨损的部件。

（3）航空航天：用于制造需要高强度和轻量化的结构件。

（4）其他行业：如在石油、化工、采矿等行业中，淬火钢也被用于制造各种耐磨设备和零件。

注意事项：在使用淬火钢时，需要注意其脆性较大的特点，避免在冲击或振动较大的环境中使用。切削淬火钢时，应选用合适的刀具材料和切削参数，以减小切削力和切削温度，提高刀具的耐用度和加工质量。淬火钢材料以其高硬度、高强度和优异的耐磨性在多个领域中得到广泛应用。

然而，淬火钢的脆性大和切削特性也给加工和使用带来了一定的挑战。因此，在使用和加工淬火钢时，需要充分了解其特性并采取相应的措施，才能发挥最大的优势。

第二讲

淬火钢材料切削液

一、淬火钢材料切削液概述

淬火钢材料切削液是针对淬火钢等高强度、高硬度材料进行切削加工时所使用的切削液。这种切削液在切削过程中起到润滑、冷却、清洗和防锈等多重作用，对于保证加工质量、提高刀具耐用度和延长机床使用寿命具有重要意义。淬火钢材料切削液在金属加工领域具有至关重要的作用，它能够有效保护刀具、提高加工效率并改善加工质量。针对淬火钢材料切削的切削液，通常需要考虑其极压性能、冷却性能、润滑性能以及环保性能等。

1.高硬度材料切削液的特点

（1）极压性能：高硬度材料在切削过程中往往会产生较高的切削力和切削温度，因此切削液需要具备良好的极压性能，能够在高温、高压下形成有效的润滑膜，减少刀具与工件之间的摩擦和磨损。

（2）冷却性能：切削液应具有良好的冷却性能，能够迅速带走切削过程中产生的热量，降低切削温度，防止刀具因过热而产生磨损。

（3）润滑性能：良好的润滑性能可以减小切削力，提高加工精度和表面质量，同时延长刀具的使用寿命。

（4）环保性能：随着我国环保法规的日益完善，切削液的环保性能也越来越受到重视。环保型切削液应采用可生物降解的材料制成，以减少对环境的污染。

2. 切削液的类型

（1）极压切削液：这类切削液中含有极压添加剂，如含活性硫、氯、磷、硼、钼酸盐等的添加剂，能够在切削过程中形成有效的润滑膜，保护刀具和工件，适用于高硬度、高切削难度的金属材料。

（2）水基切削液：这类切削液具有良好的冷

却性能和环保性能，但润滑性能相对较弱。对于高硬度材料的切削，可以选择添加适量润滑剂的水基切削液，以提高其润滑性能。

（3）油基切削液：这类切削液润滑性能优异，但冷却性能较差且不易清洗。对于某些特定的高硬度材料切削，油基切削液可能是一个不错的选择。然而，需要注意的是，油基切削液在使用过程中可能会产生油雾和油烟，对环境和操作人员的健康会造成一定的影响。

3. 切削液的主要功能

（1）润滑作用：切削液能够渗透到切削区域，形成一层润滑膜，减少切削过程中的摩擦和阻力，从而降低切削力和切削温度，保护刀具不受高温和磨损的影响。

（2）冷却作用：切削液能够迅速带走切削过程中产生的热量，降低切削区域的温度，防止工件因热应力过大而产生变形或裂纹。

（3）清洗作用：切削液能够冲刷掉切削过程中产生的切屑和杂质，保持切削区域的清洁，提高加工精度和表面质量。

（4）防锈作用：切削液中含有防锈剂，能够在工件表面形成一层保护膜，防止工件在加工和存放过程中受到腐蚀和氧化。

二、淬火钢材料切削液应用领域

淬火钢材料切削液在机械制造、汽车工业、航空航天等多个领域得到广泛应用。淬火钢材料切削液在切削加工过程中起着至关重要的作用。通过选择合适的切削液并合理使用和维护，可以大大提高加工效率和质量，并延长机床和刀具的使用寿命。

淬火钢材料切削液根据其成分和性能可分为多种类型，如水性切削液、油性切削液和半合成切削液等。在选择切削液时，需要考虑以下两个因素。

（1）根据加工材料选择：不同的高硬度材料对切削液的需求不同。例如，不锈钢、高强度钢、钛合金等难加工材料需要选择具有极压性能的切削液，而铜合金、铝合金等易切削材料则可以选择常规切削液。

（2）考虑加工方式和工艺要求：不同的加工方式和工艺要求也会影响切削液的选择。例如，在高速切削过程中，需要选择具有良好冷却性能的切削液；而在精密加工中，则需要选择具有良好润滑性能和防锈性能的切削液。

切削液的选择应根据加工材料、加工方式和工艺要求等多方面因素进行综合考虑。在选择过程中，应优先考虑具有极压性能、冷却性能、润滑性能和环保性能的切削液，以确保加工效率、加工质量和环境保护的协调统一。高硬度材料切削液配制材料见图1。

图 1　高硬度材料切削液配制材料

图 2 高硬度材料火花鉴别

三、淬火钢材料的加工技巧

经验：加工淬火钢刀具选择和润滑是关键，润滑切削液选择不对或刀具角度刃磨不合理，会造成刀具与零件磨损加快，加工时选择正确的淬火钢材料润滑切削液，增加润滑、减少刀具与工件之间的摩擦是加工淬火钢材料的关键。

在机械加工中，经常遇到一些淬火后加工的产品。如螺纹环规，为避免淬火变形都是在淬火后加工，还有一些急用刀具、量规的改制，一般是在淬火硬度 55~60HRC 的情况下半精车或直接车制加工完成的。因其硬度高、车削抗力大、刀具损坏严重等特性，用通常的加工方法是无法完成的。经过反复试验，从淬火钢的加工特性入手，通过选用合适的刀具材质，改进刀具几何参数，选择合理的切削用量，针对淬火钢材料选择淬火钢专用的切削液等方法，笔者和团队最终摸索出车高硬度淬火钢的规律，从而解决了生产过程中的一系列加工难题。

在生产过程中加工一些淬火零件，如各种钻套、种非标螺纹环规，有时改制急用的刀具、量规等一般淬火硬度都在 55~60HRC。加工材料主要是 CrWMn、GCr15 等。之所以要采用热处理后加工，主要是为了解决热处理变形问题，如螺纹环规，要先进行粗车，淬火后用研磨器研制。因为变形量大，所以往往需要 10 根研磨器。研磨器工装制造量大、造价高，废品率达 80%，而淬火后精车只用 4 根研磨器，并减少了螺纹环规废品率。然而，上述产品淬火后车削，遇到的最大难题是刀具崩刃和刃口磨损问题，这些问题应该怎么解决呢？

1. 淬火钢的加工

淬火钢一般指含碳量在 0.45% 左右的优质碳素钢和含碳量在 0.4% 左右的合金钢。淬火硬度在 55~60HRC，抗拉强度在 120~210MPa，热导率较低。而加工的淬火钢如 CrWMn、GCr15 等都属于合金工具钢，淬火硬度一般都在 55~60HRC。特别是很高的硬度和要求较高的加工精度给切削加工造成很大的困难。在长期生产实践中，笔者及其团队意识到淬火钢在切削过程中主要有以下特征。

（1）脆性大：由于淬火过程中快速冷却，淬火钢内部会产生较大的内应力，导致其塑性和韧性有所降低，表现为脆性增大。

（2）不易产生积屑瘤：淬火钢的脆性大，切削时不易产生积屑瘤，有利于获得较低的表面粗糙度。

①切削抗力大，刀刃易崩碎、磨损：切削力和切削热集中在刀具刃口附近，易使刀刃崩碎和磨损。由于淬火钢的高硬度和高强度，故切削时需要较大的切削力。当 45 钢淬火硬度达到 55HRC 时，单位切削力会达到 270kgf/mm^2，比

一般 40Cr 钢的单位切削力提高了 35% 以上，而加工的产品硬度在 50~60HRC，且都是合金工具钢，切削力大。这是造成刀尖崩刃的主要原因。

②切削温度高，切削过程中产生的切削热难以迅速散出，导致切削温度较高，加速刀具磨损。由于工件硬度高、切削抗力大，加之热导率低，易产生很高的切削温度。切削热难以通过切屑带走，进一步加剧了切削温度的升高，这是造成刀具磨损快、使用寿命低的主要原因。

2. 切削淬火钢应采取的主要措施

由于淬火钢切削抗力大、热导率低、刀尖磨损快，导致刀具使用寿命降低。这就要求刀具材料既要有很高的抗弯强度，防止刀具崩刃，又要有很高的热硬性，以减少刀具的磨损。

（1）刀具材料的选择：从淬火钢的加工性能中了解到：适合加工淬火钢的刀具材料有硬质合金、金属立方氮化硼等，但加工任何一种材料都无法同时满足粗、精加工的要求。只有采取粗、精加工搭配使用，方能满足刀具不崩刃和刀尖耐磨损的要求。因此，工厂通常是采用抗弯强度高、不易崩刃的 YW1、YW2 进行粗加工；用 YW3、YW4 进行半精加工；用立方氮化硼进行精加工。通过对刀具牌号、刀具几何参数和切削用量的反复加工试验，最终采用国产 YW4 硬质合金刀具材质就可基本满足粗、精加工的需要，而且和进口刀具相比，其价格比立方氮化硼更实惠。

（2）刀具几何参数的选择：一把刀具的好与坏，单靠选用好的刀具材料是远远不够的，必须有相适应的刀具几何参数相匹配，这样才能充分发挥刀具材料的性能，实现正常加工的目的。例如，刀具材质抗弯强度较低、耐磨性好，但崩刃严重，这时可以选用较小的后角及负前角，以加大楔角，提高刀具的抗冲击性。如果加工表面质量不好，可以减小副偏角，加大刀尖圆弧，等等。因此，刀具几何参数的选用至关重要。具体各参数的选择原则如下：

①主偏角：主偏角直接影响刀具切削力的大小和散热条件。当主偏角选得小时，可增加刀具的强度和散热条件；若主偏角选得过小则会增加切削力，特别是加工切削抗力很大的淬火钢时易引起切削振动。当加工淬火钢时，一般主偏角为$K_r = 50° \sim 60°$，通常淬火硬度偏低、工艺系统刚性较好，可选较小的主偏角。反之，主偏角可适当加大。

②前角：前角对刀具的切削过程影响最大，加工淬火钢时为确保刀尖的抗冲击性能，减少刀具崩刃，提高刀具的使用寿命，前角要小。若前角过小，会导致切削抗力加大、切削阻力增大，易引起工艺系统的振动，导致刀具寿命的缩短，以及加工表面质量、尺寸精度的降低，一般应选

前角 $r_0=0°$。淬火硬度越高，负前角应取得越大。精车时，前角可取 $r_0=0°$。

③后角：通常加大后角能提高刀具的锋利性，减少后刀面磨损，有利于刀具使用寿命的延长和提高工件表面质量。但车削淬火钢时，由于切削抗力大，刀具后角加大会使楔角减小，降低刀具切削刃的强度，在切削过程中易出现崩刃现象。因此，车削淬火钢时，后角不宜太大，一般取 $\alpha_0=3°$。

④副偏角：副偏角的大小直接影响工件的表面质量。副偏角小容易提高表面质量。刀尖散热条件较好时，刀具耐磨性提高，但副偏角太小会增加径向抗力，引起切削振动。经过实践表明，副偏角为 6° 比较好。

⑤刃倾角：刃倾角的大小直接影响刀尖部分的强度。刃倾角取负值可提高刀尖强度，若取值过大会加大切削阻力，引起切削振动。一般刃倾

角取 λ_s=0°。但在断续加工时，淬火硬度偏高时，应取 λ_s= -10°。

⑥刀尖圆弧：通常，加大刀尖圆弧半径可提高刀尖强度和散热性，也可提高工件表面质量。但是当刀尖圆弧半径过大时，切削接触面增大，切削抗力增加，易产生切削振动，并造成打刀和工件表面质量下降。一般刀尖圆弧半径取 r_e=1.0mm。

加工淬火钢不仅对刀具几何角度有严格要求，为延长刀具的使用寿命和提高工件表面质量，必须用油石对其进行研磨，以确保刀具前角、主偏角、副偏角、刃倾角等切削刃锋利，保证切削加工顺利进行。

（3）切削用量的选择：车削淬火钢时，还必须选择合理的切削用量，才能满足一定的加工要求。那么，切削用量的选择技巧是什么呢？

①切削淬火钢时由于切削抗力大、切削温

度高、刀具磨损快，因此切削速度通常要比相同条件下车削 45 钢时要低。切削速度一般在 50~100m/min，合理的切削速度，要随工件硬度的提高而降低。当工件硬度达 65HRC 以上时，粗加工的切削速度应取 30m/min 以下，而在吃刀量和进给量较小的精加工时，切削速度可选 100~120m/min。如果用立方氮化硼进行精车，切削速度可达 120~200m/min。

② 吃 刀 量 一 般 取 a_p=0.1~2mm，通 常 取 $a_p \leqslant 1.2$mm。工件硬度高时，应取较小的吃刀量。

③进给量一般取 f=0.1~0.5mm/r。工件硬度高时，选较小的进给量，并选较高的切削速度，以提高加工表面质量。

④在加工过程中，切削速度、吃刀量、进给量的选择原则基本上是：当断续切削，粗加工时，切削速度选用低速，吃刀量选用大值。半精加工和精加工时，切削速度选用高速，吃刀量和

进给量选用小值。这有利于刀具寿命的延长和工件表面质量的提高。

总之，车削淬火钢工件时，刀具材料、刀具几何参数、切削用量的选择要相匹配，并充分利用淬火钢在加工温度达到 400℃ 左右时，加工表面硬度迅速下降，有利于加工的特性，达到顺利切削的目的。这是车削淬火钢必须把握的一个极为重要的环节。而把握这一环节的方法是：在车削过程中，注意观察刀具切削刃处的切屑颜色，在刀具切削刃完好的情况下，刀具切削刃处的切屑颜色呈暗红色或红色时是最适合的。

3. 淬火钢车削应用实例

（1）高精度螺纹环规淬火后车削。生产的螺纹环规中有 M24×1.5、M30×1.5、M33×1.5、M39×1.5 等高精度螺纹环规，多年来一直是工厂自己制造。开始的制造工艺是：粗车留研量，用标准研磨器研磨螺纹达到制造图纸尺寸精度的要求。由于淬火变形大，粗车螺纹时，余量留小了，往往因局部研磨不出来而报废；余量留大了，经 10 根研磨器研磨之后，造成齿形形面变形、半角不对称而报废，废品率达 80% 左右。后来，采用先淬火到 55~60HRC 硬度后，用国产 YW4 刀片直接半精车留 0.1mm 研量，只用 4 根研磨器研磨之后，就能保证图纸技术尺寸要求，并使生产制造成本降低了 90% 左右。

刀片材质：硬质合金。YW4 刀具几何参数如图 3、图 4 所示。

（2）球面量规淬火后车削淬火钢的加工方法主要是磨削，如图 5 所示。但为了提高加工效率，解决工件形状复杂而不能磨削和淬火后产生形状、位置误差的问题，往往就需要采用车削、铣削等切削加工方法。

①在数控车或普车上车削复杂型工件，代替磨削工序，不仅可以减少相关人员的工作量和劳

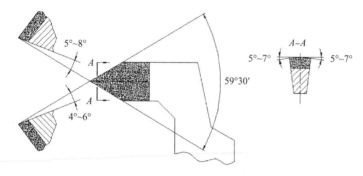

图 3　淬火钢螺纹刀具角度

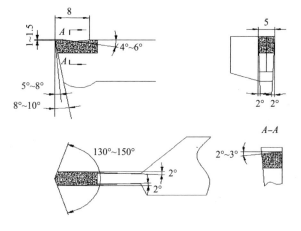

图 4 淬火钢切断刀具角度

图 5　淬火钢球面加工

动强度，而且能保证很高的位置精度。

②无法磨削的内孔、外圆、复杂型面都可以车削。

③一个零件几个表面（外圆、内孔、端面、沟槽）都需要磨削，而采用车削一道工序即可完成，并能减少工装，节约成本。

④淬火后内孔变形或加工余量留小，可能造成零件加工出来无法使用而报废；当加工余量 ≥ 1mm 时，淬火、精加工后保证尺寸，减少了因零件变形而产生的废品。

在以车代磨的加工过程中，在断续车削时选较小的主偏角，较大的刀尖圆弧和负刃倾角及较小的进给量，相对较高的转速，并配制专用的高硬度材料切削液；用切削液切削时，切削液要保持润滑均匀，否则刀片会因热胀冷缩而产生裂纹。

刀具材料：硬质合金。YW1、YW2 刀具几

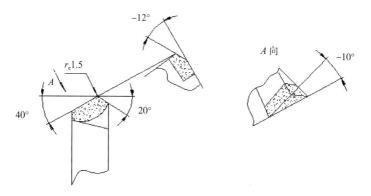

图 6　粗车丝锥用 40° 刀具角度

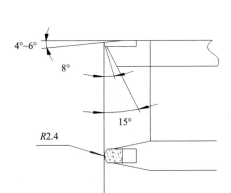

图 7　精车削丝锥用圆弧刀具角度

何参数如图6、图7所示。

由于加工深孔螺纹，螺纹深度加大，丝锥的长度也要加长，因为丝锥柄部外径大，无法使用，丝锥柄部外径要进行切削加工，丝锥柄部外径必须小于螺纹小径。加长丝锥如图8所示，是用YW1国产车刀进行车削加工的。图9是用YW1国产车刀进行车削加工前的丝锥柄部，外径是 ϕ12mm。图10是车削加工后的丝锥柄部，外径是 ϕ5mm。

另外，车削淬火钢特别是粗加工时，用40°主偏角的YW1硬质合金刀片进行粗加工，刃磨后保证用后角为 $-3° \sim 6°$、前角为 $-10°$、刃倾角为 $-12°$，不仅效果很好，还能提高产品加工效率。

4. 总结

（1）充分利用淬火钢的加工性能，选择适合的刀具材质、刀具几何参数和合理的切削用量，

图 8　淬火钢丝锥柄部外径加工

图 9　车削前的丝锥柄部（ø12mm）

图 10　车削后的丝锥柄部（ø5mm）

车削高硬度淬火钢是完全可以的。

（2）通过选用合理的刀具材质、刀具几何参数和切削用量，对热处理淬火变形过大、磨削效率低、废品率高的工件采用热处理后，直接精车，以车代磨的加工方法是可行的，并且加工效率高、废品率低，图11为淬火后加工的模具。

（3）一般淬火钢硬度在55~60HRC的范围内，用YW1刀片材质和合理的刀具角度及切削用量，一般粗、精加工都能满足图纸技术尺寸要求。如果工件技术要求特别高，并且直径较大、长度较长且连续加工时，采用金属陶瓷和立方氮化硼刀片，精车效果会更好。

（4）在金属的切削加工过程中，使用切削液能减小刀具与工件之间的摩擦，降低切削温度，减少刀具磨损，从而提高效率和延长加工刀具的使用寿命，降低加工成本。在切削过程中，切削液主要起冷却和润滑作用，在刀具与切削工件的

图 11　淬火后加工的模具

接触表面产生吸附并发生化学反应，产生润滑油膜而起到润滑作用，抑制积屑瘤的产生，有效减小切削力，降低工件表面粗糙度，一般的切削液在200℃左右就失去了润滑能力。淬火钢材料切削液综合了冷却和润滑的特点，在切削液中添加了极压添加剂，便成为润滑性良好的极压切削液，可以在600℃~1000℃高温条件下起润滑和冷却作用，特别适合高硬材料的切削加工，获得了用一般的硬质合金刀具YG8、YT15、YW1等常用刀具就能加工淬火钢材料的关键技术。

加工淬火钢，润滑是关键，润滑不好，会造成零件与刀具磨损加快，而配制高硬度材料切削液是延长刀具使用寿命的关键技术。经过反复实践，笔者及其团队终于研制出高硬度材料切削液，增加了润滑作用，减少了刀具与工件之间的摩擦，延长了刀具使用寿命，并获得了国家发明专利，如图12所示。

图 12　高硬度材料切削液专利证书

　　不加淬火钢切削液时，刀片磨损特别快，一个刀片加工 2 件就磨损了；加淬火钢切削液后，增加了润滑，减少了刀具与工件之间的摩擦，磨损特别小，一个刀片能加工 100 件以上。图 13 为加工淬火钢球面量规状态。

（a）不加淬火钢材料切削液切削状态　　（b）加淬火钢材料切削液切削状态

图 13　加工淬火钢球面量规状态

第三讲

盲孔内螺纹高速加工方法

经验：加工不通孔内螺纹时，从外向里进刀，结果加工出的螺纹没有合格，打刀了，一检查，发现孔里都是铁屑，铁屑在加工时排不出来，而且加工不通孔内螺纹又难对刀，磨了几次刀，装上去又打刀了。随后笔者发现，原来打刀的位置还镶嵌有硬质合金碎片，若不把硬质合金碎片去除干净，磨多少刀结果都一样。只有防止打刀才能加工好工件，而防止打刀则必须控制好铁屑流向，从外向里进刀，铁屑永远在里头，倘若换成从里往外进刀，铁屑就被刀具带到了外面，就解决了铁屑的流向问题，这样刀也不打了，既节约了刀具，也提高了车床转速，加工内螺纹尺寸精度和效率同时得到提升。

本讲以图14所示的内螺纹衬套为例进行介绍。

该零件的工艺特点是：材料为40Cr，硬度为48~50HRC，内螺纹，螺纹中径及内径公差小。

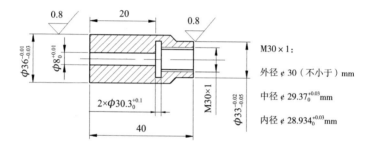

螺纹中径对外圆跳动不大于 0.01mm，其余表面粗糙度为 $Ra1.6\mu m$。

图 14　内螺纹衬套

一、存在的问题

如图 15 所示，在普通车床加工过程中，用硬质合金刀具的加工方法进刀，主要是铁屑在加工时排不出来，会把刀头打坏，而加工盲孔内螺纹对刀困难，容易乱扣，加工时机床转速低则保证不了表面粗糙度。提高转速虽保证了表面粗糙度，但由于空刀槽只有 2mm，高速加工内螺纹对操作者的技术要求高，慢了则会碰到零件内端面，打坏刀具，导致零件报废。

二、解决方案

经过长期的生产实践，笔者及其团队摸索出一套高速车削加工该零件的方法，在提高加工效率和加工质量的同时，也解决了内螺纹加工退刀难的问题。将螺纹刀磨成如图 16 所示的反向螺纹车刀。

车螺纹时，使工件反转，刀具先在退刀槽内

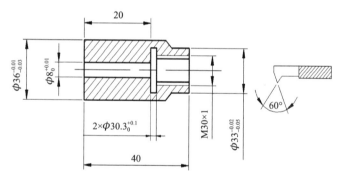

图 15 低速车削内螺纹进刀示意图

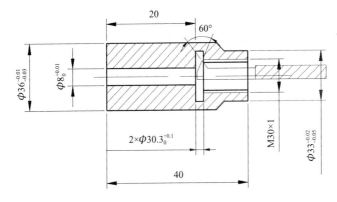

图 16　高速车削螺纹衬套进刀示意图

车进刀，按下开合螺母后，刀具前进方向要从左向右进行切削，铁屑向外排，螺纹尺寸精度得到保证，切削速度可以达到 300r/min，这不仅会大大提高工作效率，而且也降低了工作人员的劳动强度。

开反车车削螺纹，从里往外走刀就不会碰到内端面，操作时就不会紧张，铁屑向外排，螺纹刀的使用寿命就可以延长，图纸尺寸公差更容易保证。如果加工螺距和机床丝杠螺距成整数倍，就可以提开合螺母，加工效率会更高；如果加工螺距和机床丝杠螺距不成整数倍，则不能提开合螺母，只能快速进刀加工，慢速退刀，效率会低一点。

三、注意事项

加工前应仔细检查机床间隙（如主轴跳动和丝杠轴向窜动、刀架及开合螺母等间隙），间隙过大则很难满足设计要求。检查机床间隙的目的是防止加工螺纹余量过大而造成振动和扎刀，引起跳动误差。

加工螺纹时，根据零件高硬度材料，可选用立方氮化硼车刀或 YW1 硬质合金刀片，须仔细检查刀具的几何形状，合理选择刀具的前角、后角，等等。

螺纹车刀高速车削时，它的径向前角为 −2°，后角为 4°~5°，径向前角不能过大，过大易造成扎刀。前角还要磨 −2° 负倒棱。后角不能过大，过大会造成车刀强度差。牙型角应按实际情况减少 10′，以免高速切削时牙型角过大。切削速度可在 100m/min 以上，刀具安装时要严格对准中心，最后切削余量要少，并冷却加入自配的冷却润滑剂，且及时测量。

改进前的螺纹编程，螺纹刀具起刀点是在离工件端面 10mm 处，加工时螺纹铁屑向内运动，铁屑都在孔内，容易打刀。改进后的螺纹编程，螺纹刀具起刀点是在内螺纹内孔空刀 20mm 处，加工时螺纹铁屑向外运动，铁屑都在孔外，不容易打刀。

M30×1 改进前的加工螺纹编程：

```
O0001
S1500 M13；
T0101；
G0  X25. Z10；
G1  G99 Z10. F1；
G92 X29.2 Z−20. F1；
X29.4；
..........
X30；
G0  Z5；
X100. Z100；
M1；
M30；
```

M30×1 改进后的加工螺纹编程：

```
O0001
S1500 M14；
T0202；
G0  X25. Z10；
G1  G99 Z−20. F1；
G92 X29.2 Z10. F1；
X29.4；
..........
X30；
G0  Z5；
X100. Z100；
M1；
M30；
```

第四讲

高精度螺纹环规二次车削及专用夹具

经验：在加工 MJ85×1.5 螺纹环规时，由于尺寸太大无法研磨，只能用数控车床加工。而数控二次车削螺纹容易乱扣，用数控车床加工内螺纹时，对刀是关键，对不到位，会造成零件报废。而且，二次车削螺纹是干一件对一件，非常麻烦，这一直是数控车床加工的关键性技术难题。经过反复实践，笔者及其团队终于找到一个解决数控二次车削螺纹技术难题的方法，只对一次刀就能完成一批产品加工，且对刀准确，误差为 0.01mm，尺寸稳定、合格率高，已获国家发明专利（见图 17）。具体分析如下：

本讲以加工螺纹环规为例（见图 18），此零件具有尺寸大（螺纹大径为 ¢ 85mm）、螺纹精度要求高（1.5±0.005mm）、螺纹牙型角度精度要求高（半角公差 ±8′）、螺纹表面粗糙度要求高（Ra0.4μm）、螺纹环规淬火硬度要求高（58~62HRC）的特点。

图 17　高精度螺纹环规二次车削及其专用夹具专利证书

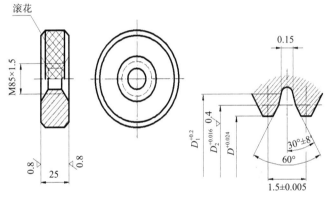

图 18　螺纹环规图

一、存在的问题

原有的工艺路线为淬火前车工进行螺纹的粗加工，热处理后采用手工研磨进行螺纹的精加工。由于该零件体积较大，研磨时操作工人必须双手加工，既无法控制正反车，又要两个人操作，因而传统工艺方法已不能适用于该零件的加工。针对数控车床加工精度高、调整容易的特点，决定在数控车床上进行内螺纹的加工。

螺纹环规是高精度、高硬度的螺纹测量工具，其螺纹部分加工分淬火前和淬火后精车两个工序，工序间跨越一个热处理工序，零件需要进行二次安装和对刀。在以往的车削中，数控车床在二次装夹后进行螺纹车削时会出现螺纹乱扣现象，因此要实现利用数控车床加工螺纹环规，实际上就是要解决如何在数控车床上二次加工螺纹的切削问题。

二、数控车床车削螺纹原理

普通车床加工螺纹是通过主轴与刀架间的丝杠传动链来保证的，即主轴每转一转，刀架就移动一个螺纹导程，整个螺纹加工过程中这条传动链不能断开。同样地，在数控车床上，刀架与主轴间的运动关系也需要这样保持，普通车床是通过丝杠传动这样的刚性结构链，而数控车床却没有这样的刚性结构链，其维持这种关系主要是依靠安装轴编码器来实现进给轴的速度和位移量跟踪主轴的速度和转角，从而实现螺纹加工。主轴编码器的标记信号是进给轴移动的基准信号。如图 19 所示，数控车床进行螺纹加工的步骤如下：

首先，刀具快进到 (X_a, Z_a) 点，再快速移动至 $[X_b (X_b = X_c + \Delta x \times i), Z_b]$ 点。其中，Δx 为每刀切削深度，i 为切削次数。其次，当系统测

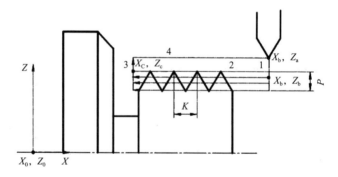

图 19　数控车床进行螺纹加工的步骤

量到主轴的标记信号时，刀具便按主轴转一圈、移动一个 K 值而进入随动状态，加工至 X_c，Z_c 点时返回至起始点，如此循环，便可加工出螺纹。这里需要强调的是，数控车床加工螺纹时，主轴的标记信号是进给随动状态的法令信号。

数控车床进行螺纹加工时的主轴标记信号主要包括两部分：主轴转速和角度位置。为了获得上述数据，数控车床在主轴上会安装两个编码器，一个主轴伺服电动机自身的编码器实现速度反馈，另一个主轴上的编码器实现主轴任意角度位置反馈。另外，主轴编码器还在固定角度输出一个脉冲信号，这个信号就是车螺纹时刀具螺距的控制信号，控制系统用主轴编码器输出的每转1024 个脉冲信号来控制运动轴和主轴的同步运动，从而实现每转进给和螺纹进给功能。通过这样的工作流程，在中央控制系统的统一协调下，实现数控车床的螺纹车削，并保证在一次装夹加工过程中不会出现乱扣现象。因此要实现螺纹的二次装夹加工，就要解决两个问题，即粗、精加工主轴编码器发送进给轴驱动信号时角度位置重合，粗、精加工螺纹刀刀尖与零件端面的距离重合，起刀点必须一致。

三、螺纹环规的分析

1. 螺纹环规的测量原理

螺纹环规是用于检测外螺纹尺寸正确性的极限量规，是一个螺纹的综合测量量具，它可以检测螺纹中径、牙型半角及螺距等多个测量要素。普通螺纹主要用于保证螺纹大径、中径、小径连接的可靠性，因此，标准中只规定了中径的公差，对牙型半角及螺距的检测精度不高。

螺纹环规作为外螺纹尺寸的检测工具，为了避免在螺纹加工时 60° 螺纹大径牙型底部圆角在测量过程中可能造成的干涉，在螺纹环规设计标准中，螺纹量具的牙型底部均有适当宽度的30°空刀槽，空刀槽直径大于牙型半角相交点的最大直径，如图20所示。这样就解决了被测零件大径误差对检测结果影响的问题，从而真实地反映螺纹中径尺寸。

2. 加工分析

螺纹环规是一种高硬度的量具，对于高硬度螺纹环规目前主要采取的工艺路线为：

下料—调质—粗车—热处理—平磨—研磨螺纹

螺纹环规材料为 CrWMn，该材料为淬透性和淬硬性较好的合金工具钢，其主要用于切削刃口不会产生剧烈变热的工具和淬火变形要求严格的量具。调质处理实际上就是淬火加高温回火的工艺，其目的是使材料具有最佳的强度和韧性，改善材料的机械加工性能，为后续的淬火工艺奠

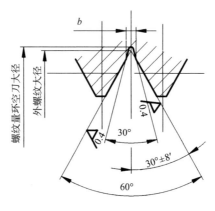

图 20 60° 螺纹牙型角

定良好的材料基础。粗车工序主要在普通车床进行，采用螺纹中径留研 0.08mm，丝锥及 30° 空刀丝锥对环规的螺纹部分进行粗加工，考虑后续精加工为手工研磨，此工序中径的余量一般控制在 0.08~0.1mm。热处理是用于提高螺纹环规硬度，保证量具的耐磨性。为避免变形导致报废，该工序需要严格控制热处理时的变形量，热处理后的变形量要求 <0.02mm。研磨工序是螺纹环规加工的关键，它主要采用螺纹中径间隔 0.02mm 的铸铁研磨器加工螺纹环规型面。该工序是保证螺纹环规质量的关键，依靠手工完成，对人员的技术要求较高。

　　现有的螺纹环规加工工艺，由于手工研磨力量的限制，对直径小于 M50 的螺纹环规加工尚可应用，而对于上述直径已达 MJ85×1.5 的螺纹环规，手工研磨已明显无法实现，必须依靠机械加工来完成。由于目前没有内螺纹磨床，因此，考虑用高硬度车削刀片在高精度的数控车床上进行加工。故将加工的初步方案规划如下：

下料—调质—粗车—热处理—平磨—车螺纹

该方案中，除最后工序与原工艺有所不同外，其余工序基本相同，但在设备和余量控制上进行了改进。考虑螺纹的精度要求较高，故选择了一台高精度数控车床来完成。在加工余量上，考虑采用的是设备加工，将余量适当放宽至0.2~0.3mm，相应降低二次定位和变形控制的压力。由于该工艺两次螺纹加工均在数控车床上完成，要实现该工艺方案，实际上就是要解决数控车削的二次螺纹加工问题。

四、解决方案

在数控车床上进行螺纹二次车削，加工过程中容易出现乱扣现象。生产问题的原因主要是二次装夹后，无法实现两次加工的螺纹起始点位置重合。因此，要实现数控车床螺纹二次切削，必须实现两次装夹位置重合，主要包括以下两个方面：（1）零件两次装夹中心位置重合；（2）两次装夹螺纹起始点的角相位置重合。而普通的三爪装夹由于没有定向的能力，为此设计了如图21所示的专用夹具，以实现两次装夹位置重合。该夹具共由四部分组成，即花盘、定位销、垫板、螺钉。

　　该夹具的设计思路是通过花盘 ϕ103.373锥孔及18.85宽方槽，将花盘每次装夹的位置与主轴标记信号的位置相对固定，再利用花盘上的两个定位销将零件与花盘的位置相对固定。通过两组定位元件，实现螺纹车削时螺纹起始点与机床主轴标记信号的相对固定；实现零件螺纹起始点与刀架随动起始点的位置相对固定，进而实现二次加工时螺纹加工起始点一致，解决数控车床螺纹二次加工无法定位的问题。

图 21　螺纹二次车削装夹专用夹具实物图

通过分析该夹具设计，我们发现花盘与零件的位置确定由两个定位销完成，而标准螺纹环规的表面无任何定位孔，要实现定位，必须在零件的相应位置加工出两个螺纹环规定位孔，为此将标准螺纹环规的结构进行了改进，如图22所示。为防止二次安装时出现的位置错误，将零件上两个定位销孔直径分别设计为 $\phi 5.5$ 及 $\phi 6$，同时考虑螺纹环规表面无明显的正反标识，又在销孔的一端设计了一个直径为 $\phi 7$ 的孔。通过上述措施有效地解决了数控车床加工时二次装夹可能出现的安装错误。另外两个以直径为 $\phi 7$ 的孔为零件的安装孔，是用于将螺纹环规紧固在花盘上的。

根据上述夹具和零件加工需求，将螺纹环规的工艺调整如下：

下料—粗车—调质—平磨—数控铣—粗车螺纹—热处理—平磨—精车螺纹—平磨

该工艺方案有两个粗车工序，第一个粗车工

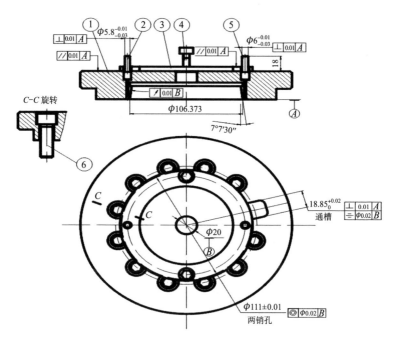

1—花盘　2—定位销　3—垫板　4—螺钉　5—定位销　6—螺钉

图 22　专用夹具图

序是先加工外圆，再加工螺纹底孔留 1mm；第二个粗车工序是用于半精车底孔及螺纹。数铣工序加工两个与花盘匹配的销孔及安装孔。精加工中有两个平磨工序，第一个平磨工序为磨削螺纹出口端面，用于消除热处理变形，避免压紧时出现变形。第二个平磨工序在精车螺纹后进行，两个平磨工序分别放置在精加工螺纹前后，其主要目的是避免精车螺纹对刀时螺纹进口起点发生变化。该夹具的使用解决了螺纹二次加工中零件两次安装中心位置和螺纹起始角相位置不重合的问题。

五、保证螺纹切入点位置重合

数控车床车削螺纹时，我们知道主轴的标记信号是进给随动状态的法令信号。根据这一原理，解决了螺纹二次加工时装夹位置不重合的问题，另一个需要解决的关键问题是如何实现主轴标记信号相对螺纹切入点的位置固定。

主轴通常只进行速度控制，但在一些特殊情况下也需要对主轴进行位置控制。例如，加工中心换刀位、镗孔让刀以及车床在装夹工件时，都需要主轴准确地停在一个特定的位置，这就是主轴定向功能。主轴定向功能就是通过主轴传感器上的旋转信号，使主轴停止在一个确定的安全位置。

通过分析认为，该定向功能可以实现主轴标记信号相对螺纹切入点的位置重合。具体做法如下：

（1）两次加工中，螺纹刀 Z 方向零点的设置应在主轴定向状态下进行，通过这个方式实现主轴标记信号相对螺纹加工起始点位置固定。

（2）由于两次加工零件状态不同（粗加工硬度为 28~32HRC，精加工硬度为 58~62HRC），其使用的刀片也有所不同。因此，其刀具端面距离螺纹刀尖的距离也有所不同，如果直接采用端面对刀数据，则可能产生乱扣现象，所以必须测量粗、精加工螺纹车刀端面距螺纹刀刀尖的距离，对刀时通过输入补偿值，将两把螺纹刀刀尖位置统一设置在零件端面上，保证两把螺纹刀刀尖相对主轴标记信号的位置重合。

六、刀具及切削参数选择

　　螺纹环规的精加工是在零件热处理之后进行的，螺纹环规使用的材料为淬透性和淬硬性较好的合金工具钢 CrWMn，该材料的淬火硬度达 58~62HRC，属于典型的高硬度材料。为对如此高硬度的材料进行螺纹车削，我们对刀具和参数进行了适当的调整。在刀具上，我们选择了山特维克超硬螺纹刀具。在参数选择上，考虑此次螺纹二次加工转速不同可能会造成乱扣现象，故将参数调整一致。

通过对螺纹环规数控车床螺纹二次车削的加工，为在数控车床上进行螺纹二次车削提供了可靠的经验，对扩大数控车床的加工应用起到了积极的作用。尤其是在螺纹内孔的加工上，由于数控车床上对刀难度较大，在数控车床上进行螺纹孔的二次加工一直是数控加工的难题，此方法为内螺纹二次加工提供了一个可靠的方案。另外，利用数控车床加工螺纹时，螺距的控制不受齿轮组合的影响，可以实现在最大范围内加工任意螺距的螺纹。利用数控车床车削螺纹切入点可随意控制的特性，该项工艺技术不仅可以应用在非标螺纹、多头螺纹、不等距螺纹的二次车削上，还解决了各种高硬度、高精度非标螺纹量具加工的关键性技术难题。

第五讲

高精度螺纹环规检测方法

高精度螺纹环规的检测方法通常要求能够精确测量螺纹的各项参数，以确保螺纹环规的精度和质量。以下是常用的高精度螺纹环规检测方法。

一、螺纹校对量规综合测量法

原理：螺纹校对量规用于综合测量螺纹作用中径，是依据《普通螺纹量规技术条件》国家标准 GB/T 10920-2008 及《圆柱螺纹量规检定规程》国家标准 GB/T 3934-2003 规定的方法。该方法源于泰勒原则，通过螺纹环规的通端和止端与校对量规的配合情况来判断螺纹是否合格。

优点：具有较好的经济性，可以保证装配。对于生产工艺水平较高的制造商，在螺距、半角有保证的情况下，使用该方法可以较好地控制螺纹质量。

缺点：螺纹的质量保证水平相对较低，存在

技术漏洞。例如，无法知道螺纹单个参数的具体尺寸值，且由于螺纹环规本身精度较高，校对量规的公差与螺纹环规的公差相近，可能导致测量结果存在争议。

二、测长机测量单一中径法

原理：测长机通过接触法以标准环规与被测螺纹环规进行比较测量，得出螺纹环规的单一中径。这种方法可以采用测钩或 T 形双球量杆等方式进行。

优点：对于 M4 以上的螺纹环规基本上都能检测，应用较为普遍。

缺点：测长机测量的是螺纹环规的单一中径，可能与综合测量结果存在矛盾。此外，对于非规则形状的螺纹环规（如三段式、可调式螺纹环规），测量结果可能存在较大的误差。

三、轮廓扫描型仪器测量全参数法

原理：轮廓扫描型仪器通过扫描螺纹环规的轮廓表面，测量螺纹的全参数（如大径、小径、中径、螺距、牙型角等）。这种方法能够提供详细的螺纹尺寸数据，有助于全面评估螺纹环规的质量。

优点：能够精确测量螺纹的各项参数，具有较高的重复精度。制造商可根据测量结果调整加工机器或工具，计量工作者可对测量结果进行详细的鉴定和评估。

缺点：仪器的价格昂贵，且只能在轴向剖面的上、下轮廓表面扫描。对于非规则形状的螺纹环规（如三段式、可调式螺纹环规），可能无法准确测量。

四、其他高精度测量方法

三坐标测量机（CMM）：CMM 是一种高精度

的三维坐标测量设备，可用于测量螺纹环规的各项几何参数。通过编程和自动测量，CMM 能够提供高精度的测量结果。

激光测量技术：利用激光束进行非接触式测量，可以测量螺纹环规的轮廓和尺寸参数。激光测量技术具有高精度、高速度和自动化程度高的优点。

综上所述，高精度螺纹环规的检测方法包括螺纹校对量规综合测量法、测长机测量单一中径法、轮廓扫描型仪器测量全参数法以及三坐标测量机和激光测量技术等。在选择检测方法时，需要根据具体的检测需求和条件进行综合考虑，以确保测量结果的准确性和可靠性。

后　记

　　航空发动机是工业皇冠上的明珠，随着航空技术的不断发展，对航空发动机的性能要求也越来越高。作为航空发动机首席技能专家，在38年的工作经历中，笔者和团队先后攻克多项技术难题，获国家发明专利3项，并带出了30多名徒弟且都成为企业骨干，为企业培养高技能型人才作出了自己的贡献。

　　在工作中，笔者及其团队大力弘扬劳模精神、劳动精神、工匠精神，在创新的征途中不断学习，明确目标，通过智能化与数字化转型，利用数字化技术进行发动机的设计和制造，采用增材制造技术（3D打印）制造复杂零件，缩短研发周期，降低成本，提高加工精度和效率，用新质生产力推动航空发动机技术不断进步。工作室围绕技术创新、产品研发、人才培养以及推动行业进步等方面展开工作，目标是通过技术创新、产品研发、人才培养，提高企业市场竞争力。

本项目技术成果（高硬度材料在加工过程中使用的切削液以及高精度、高硬度螺纹环规的加工方法及其专用夹具），成功地解决了高硬度材料和高精度、高硬度螺纹环规加工难题，为同类产品的加工提供了技术支撑。

在后续工作中，笔者将继续带领工作室团队对高温合金、钛合金、碳纤维复合材料、铝基复合材料、陶瓷基复合材料等航空发动机材料加工进行研究，解决加工制造的瓶颈，加快航空发动

机产品的自主研发，为航空发动机装上强劲的
"中国心"而努力工作。

陶安

2024 年 8 月

图书在版编目（CIP）数据

陶安工作法：高精度、高硬度螺纹环规二次车削及专用夹具 / 陶安著. -- 北京：中国工人出版社，2024.

10. -- ISBN 978-7-5008-8532-0

Ⅰ.TG62

中国国家版本馆CIP数据核字第2024U0R031号

陶安工作法：高精度、高硬度螺纹环规二次车削及专用夹具

出 版 人	董　宽	
责 任 编 辑	刘广涛	
责 任 校 对	张　彦	
责 任 印 制	栾征宇	
出 版 发 行	中国工人出版社	
地　　　址	北京市东城区鼓楼外大街45号　邮编：100120	
网　　　址	http://www.wp-china.com	
电　　　话	（010）62005043（总编室）	
	（010）62005039（印制管理中心）	
	（010）62379038（职工教育编辑室）	
发 行 热 线	（010）82029051　62383056	
经　　　销	各地书店	
印　　　刷	北京市密东印刷有限公司	
开　　　本	787毫米×1092毫米　1/32	
印　　　张	3.5	
字　　　数	40千字	
版　　　次	2024年12月第1版　2024年12月第1次印刷	
定　　　价	28.00元	

优秀技术工人百工百法丛书

第一辑　机械冶金建材卷

▆ 优秀技术工人百工百法丛书

第二辑 海员建设卷

蔡连财
工作法
半潜船浮装
操作

常洪霞
工作法
公交安全驾驶
与服务

陈宇航
工作法
大型管道
装配

陈竹祥
工作法
汽车漆膜修补

程克辉
工作法
常用
焊接操作技能

勾常春
工作法
盾构注浆
"制一运一注"
一体化集成系统

李燕肇
工作法
古建彩画
颜料调制
及彩画工艺流程

廖明
工作法
地铁司机应急处置
技能培训

魏钧
工作法
焊接十步
操作法

吴喜军
工作法
桥梁伸缩缝
微创技术

翟筛红
工作法
古建筑
冰纹窗制作

竺士杰
工作法
远控集装箱
岸桥操作法

优秀技术工人百工百法丛书

第三辑 能源化学地质卷

100 ARTISANS AND 100 TECHNIQUES SERIES

陈可营工作法
海洋油气生产绿色数智化设计与应用

100 ARTISANS AND 100 TECHNIQUES SERIES

程平工作法
钴基60硬质合金真空水冷堆焊

100 ARTISANS AND 100 TECHNIQUES SERIES

丁正江工作法
焦家式金矿预测勘查

100 ARTISANS AND 100 TECHNIQUES SERIES

华伶利工作法
松散地层钻进取心

100 ARTISANS AND 100 TECHNIQUES SERIES

黄兆亮工作法
航改型燃气轮机蜂窝封严钎焊修复

100 ARTISANS AND 100 TECHNIQUES SERIES

琚永安工作法
架空地线复合光缆的电动旋切

100 ARTISANS AND 100 TECHNIQUES SERIES

李辉工作法
用试验电压检测变电站一、二次设备交流回路整体组合工况

100 ARTISANS AND 100 TECHNIQUES SERIES

李祖锋工作法
抽水蓄能电站控制测量方案优化

100 ARTISANS AND 100 TECHNIQUES SERIES

刘清工作法
煤矿无人化智能开采控制系统

100 ARTISANS AND 100 TECHNIQUES SERIES

毛玉泉工作法
贵细中药材鉴别应用

100 ARTISANS AND 100 TECHNIQUES SERIES

齐名工作法
应用STC单片机

100 ARTISANS AND 100 TECHNIQUES SERIES

秦钦工作法
矿井安全监控设备辅助安装及故障分析处理

100 ARTISANS AND 100 TECHNIQUES SERIES

孙同根
工作法
S Zorb 装置
优化

100 ARTISANS AND 100 TECHNIQUES SERIES

王月鹏
工作法
基于绝缘平台的
绝缘杆作业法

100 ARTISANS AND 100 TECHNIQUES SERIES

王跃
工作法
滴定分析的
判断与控制

100 ARTISANS AND 100 TECHNIQUES SERIES

杨新海
工作法
车载移动测量技术
在实景三维成果
质量检验中的应用

100 ARTISANS AND 100 TECHNIQUES SERIES

杨义兴
工作法
油田修井现场
清洁生产
技术应用

100 ARTISANS AND 100 TECHNIQUES SERIES

游弋
工作法
煤矿供电系统
防晃电
设计与应用

100 ARTISANS AND 100 TECHNIQUES SERIES

余姝
工作法
高陡峡谷区
地质灾害调勘查